T/CCMSA 10411—2020

目　次

前言 ·· Ⅱ
1　范围 ·· 1
2　规范性引用文件 ··· 1
3　术语和定义 ··· 2
4　分类、规格与标记 ·· 2
5　一般要求 ··· 4
6　要求 ·· 5
7　试验方法 ··· 8
8　检验规则 ·· 10
9　标志、包装、运输及贮存 ··· 11
10　质量与服务承诺 ·· 12

Ⅰ

前言

本文件依照《标准化工作导则 第1部分：标准化文件的结构和起草规则》GB/T 1.1—2020、《团体标准化 第1部分：良好行为指南》GB/T 20004.1—2016、《团体标准化 第2部分：良好行为评价指南》GB/T 20004.2—2018编写的有关要求，以及《中国建筑金属结构协会团体标准管理办法（试行）》（中建金协〔2017〕19号）的相关规定制定。

本文件由中国建筑金属结构协会团体标准管理中心归口管理。

本文件编制的技术依托为中国建筑金属结构协会团体标准专家委员会。

本文件在编制过程中，编制组经广泛调查研究，认真总结实践经验，参考有关国内标准，并在广泛征求意见的基础上，最后经审查定稿。

本文件由中国建筑金属结构协会钢木门窗委员会负责具体技术内容的解释。执行中如有意见或建议，请寄送中国建筑金属结构协会钢木门窗委员会（地址：北京市海淀区车公庄西路乙8号203室，邮编：100044）。

本文件起草单位：富新泰丰门业有限公司、群升集团有限公司、浙江司贝宁工贸有限公司、永康市质量技术监测研究院、浙江百狮门业有限公司、浙江钛马赫安防科技有限公司、永康市金黄五金工具厂、山东凸凹金属制品有限公司、浙江金凯德安防科技有限公司、浙江索福绿建实业有限公司、浙江富新工贸有限公司、永康市门业协会。

本文件主要起草人：严建新、楼飞熊、董学锋、牛建刚、徐健康、陈荣进、程红新、黄勇根、王军、唐仙强、李军红、应勋、杨震炯、吴大庆。

本文件主要审查人员：顾泰昌、冯伟、周根忠、沈武勇、栾祎、袁国华、胡帅。

本文件为首次发布。

铸 铝 门

1 范围

本文件规定了铸铝门的分类、规格与标记，要求，试验方法，检验规则，标志、包装、运输及贮存，质量与服务承诺。

本文件适用于民用建筑平开式铸铝入户门。

2 规范性引用文件

下列文件中的内容通过文中的规范性引用而构成本文件必不可少的条款。其中，注日期的引用文件，仅该日期对应的版本适用于本文件；不注日期的引用文件，其最新版本（包括所有的修改单）适用于本文件。

GB/T 153—2019　针叶树锯材
GB/T 1173—2013　铸造铝合金
GB/T 1453—2005　夹层结构或芯子平压性能试验方法
GB/T 2518　连续热镀锌和锌合金镀层钢板及钢带
GB/T 4817—2019　阔叶树锯材
GB/T 4897—2015　刨花板
GB/T 5237.1　铝合金建筑型材　第1部分：基材
GB/T 5823　建筑门窗术语
GB/T 5824　建筑门窗洞口尺寸系列
GB/T 6739—2006　色漆和清漆　铅笔法测定漆膜硬度
GB/T 7106—2019　建筑外门窗气密、水密、抗风压性能检测方法
GB/T 8484—2008　建筑外门窗保温性能分级及检测方法
GB/T 8485—2008　建筑门窗空气声隔声性能分级及检测方法
GB/T 8624—2012　建筑材料及制品燃烧性能分级
GB/T 8625—2005　建筑材料难燃性试验方法
GB/T 8813—2008　硬质泡沫塑料　压缩性能的测定
GB/T 9286—1998　色漆和清漆　漆膜的划格试验
GB/T 9846—2015　普通胶合板
GB/T 10125—2012　人造气氛腐蚀试验　盐雾试验
GB/T 11718—2009　中密度纤维板
GB 12955—2008　防火门
GB/T 13452.2—2008　色漆和清漆　漆膜厚度的测定
GB/T 14155　整樘门　软重物体撞击试验
GB 16807　防火膨胀密封件
GB 17565—2007　防盗安全门通用技术条件
GB 18580　室内装饰装修材料　人造板及其制品中甲醛释放限量
GB 18581　室内装饰装修材料　溶剂型木器涂料中有害物质限量

GB 18583　室内装饰装修材料　胶粘剂中有害物质限量
GB/T 20285—2006　材料产烟毒性危险分级
GB/T 24498　建筑门窗、幕墙用密封胶条
GB/T 29049　整樘门　垂直荷载试验
GB/T 29530　平开门和旋转门　抗静扭曲性能的测定
GB/T 29555　门的启闭力试验方法
GB/T 29739　门窗反复启闭耐久性试验方法
GB/T 31433—2015　建筑幕墙、门窗通用技术条件
GA/T 73—2015　机械防盗锁
GA 374—2019　电子防盗锁
GA 701—2007　指纹防盗锁通用技术条件
HJ 459　环境标志产品技术要求　木质门和钢质门
HJ 2537　环境标志产品技术要求　水性涂料
JG/T 125　建筑门窗五金件　铰链（合页）
JG/T 214　建筑门窗五金件　插销
JG/T 386　建筑门窗复合密封条

3　术语和定义

GB/T 5823界定的以及下列术语和定义适用于本文件。

3.1

铸铝门　casting aluminum doors

门扇内部为整体结构的门芯，正面或正、背两面均包饰铸铝板或精雕、模压加工的铝板的门。

3.2

门芯　door core

整体用钢板，或四周用铝合金型材，正、背两面用钢板组合，内部填充不同性能要求的填充材料所组成的整体结构件。

4　分类、规格与标记

4.1　分类

4.1.1　按门扇数量分类及代号见表1。

表1　门扇数量分类及代号

门扇数量分类	单扇门	双扇门	多扇门
代号	1	2	×
注：×为门扇数量。			

4.1.2　按铝板加工工艺分类及代号见表2。

表 2　铝板加工工艺分类及代号

铝板加工工艺分类	铸铝板	精雕板	模压板
代号	A	B	C

4.1.3 按防火性能分类及代号见表3。

表 3　防火性能分类及代号

名称	耐火性能	代号
甲级防火门	耐火隔热性≥1.50h 耐火完整性≥1.50h	A1.50（甲级）
乙级防火门	耐火隔热性≥1.00h 耐火完整性≥1.00h	A1.00（乙级）

4.1.4 按防盗安全级别分类及代号见表4。

表 4　防盗安全级别分类及代号

名称	防盗安全级别	代号
甲级防盗门	甲级	J
乙级防盗门	乙级	Y

4.2　规格

铸铝门的规格用洞口标志尺寸表示，洞口标志尺寸应符合GB/T 5824的规定。

4.3　标记

4.3.1　标记方法

铸铝门标记方法为：产品名称代号（ZLM）、规格代号、防火性能代号、防盗安全级别代号、门扇数量代号、铝板加工工艺代号和本标准号。

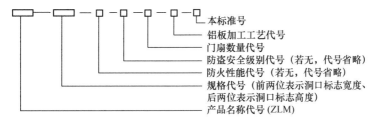

4.3.2　标记示例

示例1：

洞口尺寸为1000mm×2400mm的甲级防火单扇铸铝板铸铝门，标记为：

ZLM-1024-A1.50（甲级）-1-A-T/CCMSA 10411—2020。

示例2：

洞口尺寸为1500mm×2400mm的乙级防盗双扇精雕板铸铝门，标记为：

ZLM-1524-Y-2-B-T/CCMSA 10411—2020。

示例3：

洞口尺寸为2100mm×2400mm的无防火无防盗性能要求的双扇模压板铸铝门，标记为：

ZLM-2124-2-C-T/CCMSA 10411—2020。

5 一般要求

5.1 材料

5.1.1 铝板

5.1.1.1 铸铝板应选用性能不低于 GB/T 1173—2013 中牌号为 ZL104 的铸造铝合金板材。

5.1.1.2 选用其他加工方式的铝合金板材，其性能不应低于 5.1.1.1 规定的牌号性能。

5.1.2 钢板

门框及门芯冷轧镀锌钢板应符合 GB/T 2518 的规定。

5.1.3 铝合金型材

门框及门芯铝合金型材应符合 GB/T 5237.1 的规定。

5.1.4 木材

5.1.4.1 木材材质指标不应低于 GB/T 153—2019 第 4 章或 GB/T 4817—2019 第 4 章中二等锯材的规定。

5.1.4.2 木材如需阻燃处理，其难燃性能应符合 GB/T 8625—2005 第 7 章的规定。

5.1.4.3 木材含水率应控制在 6%～13%，且比使用地区的木材年平衡含水率低 1%～3%。

5.1.5 人造板

5.1.5.1 人造板的外观、尺寸和性能应符合表 5 规定的等级要求。

表 5 铸铝门所用人造板等级

材料名称	等级	执行标准
普通胶合板	一等品 合格品	GB/T 9846—2015
中密度纤维板	优等品 合格品	GB/T 11718—2009
刨花板	P2 型	GB/T 4897—2015

5.1.5.2 人造板如需阻燃处理，其难燃性能应符合 GB/T 8624—2012 中 B1 级的规定，或符合 GB/T 8625—2005 第 7 章的规定。

5.1.5.3 人造板含水率应控制在 6%～13%，且比使用地区的木材年平衡含水率低 1%～3%。

5.1.5.4 人造板应选用有利于保护环境、保障人身安全的材料，其有害物质释放量应符合 GB 18580 的规定。

5.1.6 填充材料

5.1.6.1 防火填充材料应符合 GB 12955—2008 对填充材料的规定。

5.1.6.2 蜂窝状填充材料的平面压缩强度按 GB/T 1453—2005 的规定检测，不应小于 200kPa。

5.1.6.3 聚氨酯泡沫填充材料的平面压缩强度按 GB/T 8813—2008 的规定检测，不应小于 100kPa。

5.1.7 粘结剂

5.1.7.1 粘结剂的有害物质限量应符合 GB 18583 的规定。

5.1.7.2 防火粘结剂应符合 GB/T 20285—2006 产烟毒性危险分级 ZA2 级的规定。

5.1.8 油漆、涂料

5.1.8.1 水性涂料应符合 HJ 2537 的规定。

5.1.8.2 木材和人造板上使用的溶剂型涂料应符合 GB 18581 的规定。

5.1.8.3 钢质材料上使用的溶剂型涂料应符合 HJ 459 的规定。

5.2 配件

5.2.1 锁具

5.2.1.1 机械防盗锁不应低于 GA/T 73—2015 中 B 级机械防盗锁的规定。

5.2.1.2 电子防盗锁应符合 GA 374—2019 中 B 级电子防盗锁的规定，或 GA 701—2007 中 B 级指纹防盗锁的规定。

5.2.1.3 防火锁应符合 GB 12955—2008 附录 A 的规定。

5.2.2 密封件

5.2.2.1 橡胶类密封胶条应符合 GB/T 24498 的规定；复合密封条应符合 JG/T 386 的规定。

5.2.2.2 防火膨胀密封件应符合 GB 16807 的规定。

5.2.3 铰链

5.2.3.1 铰链应符合 JG/T 125 的规定，宜选用蝶形铰链，铰链材料厚度不低于 3mm。

5.2.3.2 防火铰链应符合 GB 12955—2008 附录 B 的规定。

5.2.4 其他五金件

5.2.4.1 插销应符合 JG/T 214 的规定。

5.2.4.2 防火插销应符合 GB 12955—2008 附录 D 的规定。

5.2.4.3 执手表面应防腐处理，执手镀层按 GB/T 10125—2012 的规定 72h 试验后，不出现白色腐蚀点（保护等级≥8 级）。

6 要求

6.1 外观质量

6.1.1 门框、门扇表面应平整光洁，无明显变形、凹陷、压痕、鼓包、划痕等现象，无明显毛刺、崩边、缺角、污染痕迹等缺陷；铸铝板无明显砂眼、气孔和杂质等缺陷；涂饰表面应符合表 6 的规定。

表 6 铸铝门涂饰面外观质量要求

序号	项目名称		要求
1	金属喷塑涂层	颜色或纹理效果	与设计要求或客户确认的色卡、样板一致
2			
3		色差	同批次产品色差不明显
		缩孔、起泡、针孔、开裂、橘纹(有橘纹要求的除外)、剥落、粉化、颗粒、流挂、露底、基材腐蚀等	不允许
4		微量杂质点及其他轻微缺陷	不明显
5	金属油漆涂层	颜色和纹理效果	与设计要求或客户确认的色卡、样板一致
6		色差	同批次产品色差不明显
7		表面漆膜流挂、漏漆、污染、表面漆膜皱皮、漆膜鼓泡、分层、褪色、掉色等	不允许
8		漆膜粒子、刷毛、杂渣、加工痕迹、白楞、划痕等	不明显

表 6 铸铝门涂饰面外观质量要求（续）

序号	项目名称		要求
9	木制品油漆涂层	颜色和纹理效果	与设计要求或客户确认的色卡、样板一致
10		色差	同批次产品色差不明显
11		漆膜鼓泡、针孔、缩孔、白点、皱皮、漏漆、褪色、掉色	不允许
12		漆膜粒子、刷毛、积粉、杂渣、划痕、白楞、流挂等	不明显

注：1."不明显"是指正常视力，在视距大于1m时不可见，在不大于1m时可见的缺陷。
2．"明显"是指正常视力，在视距大于1m，且不大于1.5m时，可清晰观察到的缺陷。
3．所有装饰表面缺陷允许修补。

6.1.2 密封胶条应平整连续，转角处应镶嵌紧密，不应有松动凸起，接头处不应有收缩缺口。

6.2 涂层质量

6.2.1 涂层硬度

涂层硬度不应低于GB/T 6739—2006中2H的规定。

6.2.2 涂层厚度

金属表面涂层厚度不应小于60μm，木饰表面涂层厚度不应小于20μm。

6.2.3 漆膜附着力

漆膜附着力不应低于GB/T 9286—1998中的2级规定。

6.3 板材厚度

铸铝门所用板材厚度应符合表7的规定。

表 7 铸铝门所用板材厚度　　　　　　　　　　　　　　　　　　单位为毫米

名称	铝面板厚度			冷轧镀锌钢板厚度		铝合金型材基材壁厚	
	铸铝板	精雕铝板	模压铝板	门框	门芯	门框	门芯
板材厚度	≥8.0	≥5.0	≥2.0	≥1.8	≥1.0	≥3.0	≥2.0

6.4 尺寸与间隙

6.4.1 尺寸偏差

6.4.1.1 门扇的尺寸偏差与形位公差应符合表8的规定。

表 8 门扇尺寸偏差　　　　　　　　　　　　　　　　　　单位为毫米

项目	门扇宽度偏差	门扇高度偏差	门扇厚度偏差	门扇对角线长度差
允许偏差	±2.0	±2.0	±1.0	≤3.0

6.4.1.2 门框的尺寸偏差与形位公差应符合表9的规定。

表 9 门框尺寸偏差　　　　　　　　　　　　　　　　　　　　　　　　　　　　　　　　　单位为毫米

项目	门框内裁口宽度偏差	门框内裁口高度偏差	门框侧壁宽度偏差	门框对角线长度差
允许偏差	±2.0	±2.0	±2.0	≤3.0

6.4.2 间隙

铸铝门间隙应符合表 10 的规定，可视框扇配合间隙、贴合面间隙示意见图 1。

表 10 铸铝门装配间隙和配合面间隙　　　　　　　　　　　　　　　　　　　　　　　　　　单位为毫米

项目	相邻构件装配间隙	相邻构件高低差	可视框扇配合间隙 K	贴合面间隙 C
指标	≤0.5	≤0.5	≤3.0	≤1.0

6.4.3 门扇与门框搭接量

门扇与门框搭接量不应小于 12mm。搭接量 b 见图 1，取每侧的 b 值之和。

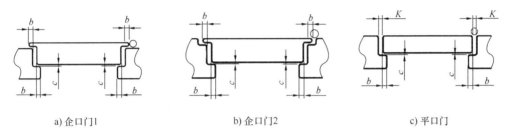

a) 企口门1　　　　　　　　　　b) 企口门2　　　　　　　　　　c) 平口门

图 1 门扇与门框搭接量、可视框扇配合间隙、贴合面间隙示意

6.4.4 门扇宽度、高度方向平面度

门扇宽度、高度方向平面度不应大于 $3.0mm/m^2$。

6.5 性能

6.5.1 保温性能

铸铝门保温性能以传热系数 K 值作为指标，传热系数等级不应低于 GB/T 31433—2015 中 6 级的规定。

6.5.2 空气声隔声性能

铸铝门空气声隔声性能以计权隔声量和交通噪声频谱修正量之和（R_w+C_{tr}）作为指标，空气声隔声性能等级不应低于 GB/T 31433—2015 中 3 级的规定。

6.5.3 气密性能

铸铝门气密性能以标准状态下 10Pa 时的单位开启缝长空气渗透量 q_1 和单位面积空气渗透量 q_2 作为指标，气密性能等级不应低于 GB/T 31433—2015 中 6 级的规定。

6.5.4 耐软重物撞击性能

铸铝门软重物撞击性能，采用门扇所能承受的撞击体的最大下落高度作为指标，以最大下落高度不低于 800mm 的软重物 9 次冲击后，门扇残余凹变形不大于 3mm，整樘门无损坏。

6.5.5 耐垂直载荷性能

铸铝门耐垂直载荷性能，采用活动扇残余变形量不大于 3mm 时所承受的最大垂直载荷 F 作为指标，F 值不应小于 1000N。

6.5.6 抗静扭曲性能

铸铝门抗静扭曲性能，采用活动扇残余变形量不大于 5mm 时所承受的最大静态试验载荷 F 作为指标，F 值不应低于 500N。

6.5.7 启闭力

铸铝门的启闭力不应大于80N。

6.5.8 反复启闭性能

铸铝门反复启闭10万次后应启闭无异常。

6.5.9 甲醛释放量

铸铝门的甲醛释放量限值为0.124mg/m³。

6.5.10 防火性能

有防火性能要求的铸铝门，其性能不应低于GB 12955—2008乙级隔热防火门的规定。

6.5.11 防盗性能

有防盗性能要求的铸铝门，其性能不应低于GB 17565—2007乙级防盗安全门的规定。

6.5.12 电气安全性能

6.5.12.1 铸铝门若使用交直流电源时，与门体的接触电压不应大于36V。

6.5.12.2 电源引入端子与外壳及金属门体之间的绝缘电阻在正常环境条件下不应小于200MΩ。

7 试验方法

7.1 外观质量

将产品按使用状态安装在试验架上，在室内自然光线充足处用目测、手试的方法进行检查，必要时可用钢直尺测量。

7.2 涂层质量

7.2.1 涂层硬度

按GB/T 6739—2006的规定检测。

7.2.2 涂层厚度

按GB/T 13452.2—2008的规定检测。

7.2.3 漆膜附着力

按GB/T 9286—1998的规定检测。

7.3 板材厚度

7.3.1 钢板厚度用分辨率0.001mm超声波测厚仪在距离钢板边部不小于40mm处测量。测量3个部位，对3次测量结果取平均值。

7.3.2 铝板厚度用分辨率0.02mm游标卡尺在距离铝板边部不小于20mm处测量。测量3个部位，对3次测量结果取平均值。

7.3.3 铝合金型材基材壁厚用分辨率0.5μm的膜厚检测仪和分辨率不低于0.02mm的量具测量表面处理层膜厚和型材总壁厚，型材同一类型部位测点不少于5点，基材的实测壁厚为型材总壁厚与表面处理层厚度之差，精确到0.01mm，取平均值。

7.4 尺寸与间隙

7.4.1 尺寸偏差

7.4.1.1 门扇、门框宽度、高度尺寸偏差：用钢卷尺在距门扇或门框外边四角50mm处测量，检测值与产品设计值相减，结果取其极值。

7.4.1.2 门扇厚度偏差：用游标卡尺直接测量，检测值与产品设计值相减，结果取其极值。

7.4.1.3 门框侧壁宽度偏差：将门框放置在平台上，用高度游标卡尺直接测量，检测值与产品设计值相减，结果取其极值。

7.4.1.4 门扇、门框对角线尺寸差：门扇对角线用钢卷尺直接测量，计算两对角线差；门框在两对角内各垂直固定直径约15mm的圆柱，圆柱端面高出门框平面5mm，用钢卷尺测量对角圆柱距离，计算两对角线差。

7.4.2 间隙

7.4.2.1 相邻构件装配间隙：用最小示值0.02mm的塞尺直接测量。

7.4.2.2 相邻构件高低差：用分辨率0.02mm的深度游标卡尺直接测量。

7.4.2.3 可视框扇配合间隙：用最小示值0.02mm的塞尺直接测量。

7.4.2.4 贴合间隙：用最小示值0.02mm的塞尺直接测量。

7.4.3 门扇与门框搭接量

门扇处于关闭状态，用划刀在门扇与门框相交的左边、右边和上边的中部划线作出标记后，用分辨率0.02 mm的游标卡尺测量搭接宽度。

7.4.4 门扇宽度、高度方向平面度

将门扇水平放置在精度为3级的检测平台上，将1m钢直尺贴在门扇的表面上，与门扇边平行且离此边不超过20mm，分别在门扇宽高两个方向用最小示值0.02mm的塞尺测量门扇表面与钢直尺的最大间隙。

7.5 性能

铸铝门性能试验应符合表11的规定。

表11 铸铝门性能试验方法

序号	项目	方法
1	保温性能	按 GB/T 8484—2008 的规定
2	空气声隔声性能	按 GB/T 8485—2008 的规定
3	气密性能	按 GB/T 7106—2019 的规定
4	耐软重物冲击性能	按 GB/T 14155 的规定
5	耐垂直载荷性能	按 GB/T 29049 的规定
6	抗静扭曲性能	按 GB/T 29530 的规定
7	启闭力	按 GB/T 29555 的规定
8	反复启闭性能	按 GB/T 29739 的规定
9	甲醛释放量	按 GB 18580 的规定
10	防火性能	按 GB 12955—2008 的规定
11	防盗性能	按 GB 17565—2007 的规定
12	电气安全性能	a) 用精度不低于0.1V的数字电压表测量带电装置输出电压； b) 用精度不低于0.1MΩ、500V的绝缘电阻表分别测量电源任意输入端与门体、带电装置外壳之间的绝缘电阻

8 检验规则

8.1 检验分类与项目

8.1.1 铸铝门的检验分为出厂检验和型式检验。

8.1.2 出厂检验和型式检验项目应符合表12的规定。

表 12 出厂检验和型式检验项目

序号	检验项目	要求条款	试验方法条款	重要程度分类	出厂检验	型式检验
1	外观质量	6.1	7.1	C	○	○
2	涂层硬度	6.2.1	7.2.1	B	○	○
3	涂层厚度	6.2.2	7.2.2	B	○	○
4	漆膜附着力	6.2.3	7.2.3	B	○	○
5	板材厚度	6.3	7.3	B	○	○
6	尺寸偏差	6.4.1	7.4.1	C	○	○
7	间隙	6.4.2	7.4.2	C	○	○
8	门扇与门框搭接量	6.4.3	7.4.3	B	○	○
9	门扇宽度、高度方向平面度	6.4.4	7.4.4	B	○	○
10	保温性能	6.5.1	7.5	A	—	○
11	空气声隔声性能	6.5.2	7.5	A	—	○
12	气密性能	6.5.3	7.5	A	—	○
13	耐软重物撞击性能	6.5.4	7.5	B	—	○
14	耐垂直载荷性能	6.5.5	7.5	B	—	○
15	抗静扭曲性能	6.5.6	7.5	B	—	○
16	启闭力	6.5.7	7.5	B	—	○
17	反复启闭性能	6.5.8	7.5	B	—	○
18	甲醛释放量	6.5.9	7.5	A	—	○
19	防火性能	6.5.10	7.5	A	—	△
20	防盗性能	6.5.11	7.5	A	—	△
21	电气安全性能	6.5.12	7.5	A	△	△

注：1. "○"为必检项目，"△"为有性能要求时的检测项目，"—"为非检项目。
  2. 重要程度分类按 A、B、C 依次递减。

8.2 出厂检验

8.2.1 组批与抽样规则

8.2.1.1 本文件 6.1、6.3 规定的项目全数检验。

8.2.1.2 本文件 6.2、6.4 规定的检测项目，每100樘为一个检验批，不足100樘也为一个检验批。从每个检验批中按类型、品种、系列、规格分别随机抽取5%且不少于3樘。

8.2.2 判定与复验规则

抽检产品检验结果全部合格时，判定该批产品合格。

抽检产品检验结果如有 2 樘及以上不合格时，判定该批产品不合格。

抽检产品仅有 1 樘不合格，可再从该批产品中抽取双倍数量产品进行重复检验。重复检验结果全部合格时，判定该批产品合格，否则判定该批产品不合格。

8.3 型式检验

8.3.1 检验条件

有下列情况之一时，应进行型式检验：
a) 新产品设计定型或生产定型时；
b) 产品停产一年以上恢复生产时；
c) 结构、材料、工艺有较大改变可能影响产品性能时；
d) 正常生产时应每两年至少进行一次型式检验。

8.3.2 组批与抽样规则

型式检验应从成品库的相同配置和规格的成品中，随机抽取检测需要的样品数量。当产品的配置相同，规格不同时，型式检验可采用大规格产品覆盖小规格产品的原则进行。

8.3.3 判定规则

8.3.3.1 按表 12 规定的检验项目进行合格与否的判定，全部项目合格时，判定合格。

8.3.3.2 有下列情况之一时，判定该批产品不合格：
a) 有一项 A 类不合格；
b) 有两项 B 类不合格；
c) 有三项 C 类不合格；
d) 有一项 B 类和两项 C 类不合格。

8.3.3.3 当出现不合格项，且未达到 8.3.3.2 所列情况时，可再从该批产品中抽取双倍数量产品进行重复检验。重复检验结果全部合格时，判定该批产品合格，否则判定该批产品不合格。

9 标志、包装、运输及贮存

9.1 标志

9.1.1 在产品明显部位应标明下列标志：
a) 制造厂名与商标；
b) 产品名称、型号；
c) 出厂日期及生产批号；
d) 防火、防盗级别及标志（如有性能要求时）。

9.1.2 铭牌、标志应端正、牢固、清晰、美观。

9.2 包装

9.2.1 产品应使用无腐蚀作用的软质材料进行包装。包装应牢固可靠，方便运输。

9.2.2 包装箱内应附有附件、产品清单、产品质量合格证和安装使用说明书。

9.3 运输

9.3.1 搬运过程应轻拿轻放，严禁摔、扔和碰击。

T/CCMSA 10411—2020

9.3.2 运输过程中应有避免产品发生互相碰撞的措施。

9.3.3 运输工具应有防雨措施，并保持清洁无污染。

9.4 贮存

9.4.1 产品应存放在通风、干燥、防雨、防腐蚀的场所。

9.4.2 产品存放底部应垫木块，高度不应小于100mm，立放角度不应小于70°，平放码放高度不应大于1.5m。

10 质量与服务承诺

10.1 安装

根据使用环境选择适宜的安装工艺，安装前做好防雨、防长时间日照等必要措施，安装前后做好成品保护，做好相应警示提醒，防止施工过程中的碰撞损坏。

10.2 质量问题维保

10.2.1 产品保修期应自安装竣工之日起（报修凭证生效之日起），保修期零售门不应少于1年，工程门不应少于2年。在产品保修期内出现质量问题，售方提供免费维修服务。产品超出保修期后出现质量问题，售方应提供有偿维修服务，可按相关规定收取材料费和工时费。

10.2.2 用户在使用过程中由于意外损坏、用户自行安装等不当操作引起的人为质量问题不属于保修范围，但售方应提供相关的有偿维修服务。

10.2.3 保修应包括如下项目：产品油漆饰面问题、结构问题、工艺问题、材料配件问题、环保问题等。

10.2.4 售后服务应设立专门的服务平台，在接到用户反馈问题时应立即响应，并在24h内给出解决方案，当最初保修方在3周内未能与用户达成维修方案时，生产方或总代理应在之后的7个工作日内派售后服务人员到现场解决。